L'origine de l'univers :

I. Introduction

- Explication du sujet et de l'importance de comprendre l'origine de l'univers

II. Le Big Bang

- Présentation de la théorie du Big Bang
- Les preuves qui soutiennent la théorie, y compris le rayonnement fossile
- Les critiques de la théorie

III. Les premières fractions de seconde

- La période de l'inflation cosmique et son rôle dans la formation de l'univers

- Les particules élémentaires et les interactions fondamentales pendant les premières fractions de seconde

IV. La formation des atomes

- La recombinaison, ou la formation des premiers atomes dans l'univers
- La formation de la matière baryonique et de la matière noire

V. La formation des galaxies

- Comment les galaxies se sont formées à partir des fluctuations de densité dans le cosmos primitif
- Les différents types de galaxies et leur évolution

VI. Les preuves observables

- Les preuves indirectes de l'origine de l'univers, y compris l'abondance des éléments légers et la distribution des galaxies

- Les expériences en cours pour mieux comprendre l'origine de l'univers, comme les détecteurs de neutrinos

VII. Les grandes questions en suspens

- Les questions non résolues dans l'étude de l'origine de l'univers, telles que la nature de la matière noire et la possibilité de multivers

VIII. Conclusion

- Synthèse des connaissances actuelles sur l'origine de l'univers

- Importance de poursuivre la recherche dans ce domaine pour mieux comprendre notre place dans l'univers.

Introduction:

Explication du sujet et de l'importance de comprendre l'origine de l'univers

L'univers est l'un des grands mystères de notre existence. D'où vient-il ? Comment s'est-il formé ? Comment a-t-il évolué ? Ces questions ont fasciné les êtres humains depuis des millénaires, et notre compréhension de l'univers a évolué au fil du temps grâce à la science et à la technologie.

Comprendre l'origine de l'univers est crucial pour répondre à certaines des questions les plus fondamentales de la physique et de la cosmologie. Cela nous permet de mieux comprendre la nature de la matière et de l'énergie dans l'univers, ainsi que la façon dont elles interagissent.

De plus, notre compréhension de l'origine de l'univers a des implications pour notre compréhension de l'évolution future de l'univers. Les modèles actuels suggèrent que l'univers continuera à s'étendre indéfiniment, mais il y a encore beaucoup d'incertitudes et de détails à comprendre.

Enfin, étudier l'origine de l'univers peut nous aider à mieux comprendre notre place dans l'univers et notre relation avec lui. En comprenant comment l'univers s'est formé et évolué, nous pouvons mieux comprendre notre propre existence et notre rôle dans le cosmos.

En somme, l'étude de l'origine de l'univers est cruciale pour comprendre l'univers et notre place en son sein. Dans les sections suivantes de ce chapitre, nous allons explorer les théories scientifiques qui expliquent commont l'univers est né et comment il a évolué depuis le Big Bang.

II. Le Big Bang Présentation de la théorie du Big Bang Les preuves qui soutiennent la théorie, y compris le rayonnement fossile Les critiques de la théorie

I. Présentation de la théorie du Big Bang

La théorie du Big Bang postule que l'univers a commencé sous la forme d'une singularité, un point infiniment petit et dense, environ 13,8 milliards d'années avant notre époque. L'univers a ensuite commencé à se dilater et à refroidir, créant ainsi l'espace, le temps et la matière tels que nous les connaissons aujourd'hui.

II. Les preuves qui soutiennent la théorie, y compris le rayonnement fossile

Plusieurs preuves soutiennent la théorie du Big Bang, y compris :

- Le rayonnement fossile : ce rayonnement est une forme de radiation électromagnétique qui a été émise environ 380 000 ans après le Big Bang, lorsque l'univers s'est suffisamment refroidi pour permettre aux électrons et aux protons de se combiner pour former des atomes neutres. Le rayonnement fossile est considéré comme l'une des preuves les plus solides de la théorie du Big Bang car il correspond exactement aux prévisions de la théorie.

- L'abondance des éléments légers : la théorie du Big Bang prédit l'abondance relative des éléments légers dans l'univers, tels que l'hydrogène, l'hélium et le lithium. Les observations correspondent très bien aux prévisions de la théorie.

- La distribution des galaxies : la théorie du Big Bang prédit la façon dont les galaxies se sont formées et sont réparties dans l'univers. Les observations correspondent également aux prévisions de la théorie.

III. Les critiques de la théorie

Malgré son succès, la théorie du Big Bang n'est pas sans ses critiques. Certaines critiques notables incluent :

- Le problème de la matière noire : la théorie du Big Bang ne peut expliquer que 5% de la matière de l'univers, le reste étant de la matière noire et de l'énergie noire, qui sont encore mal comprises.

- Le problème de la singularité initiale :
  la théorie du Big Bang suppose une
  singularité initiale, mais cette
  hypothèse est controversée car elle
  suggère que les lois de la physique
  telles que nous les connaissons
  aujourd'hui ne s'appliquaient pas à
  l'origine de l'univers.

En somme, la théorie du Big Bang est la
théorie la plus acceptée pour expliquer
l'origine de l'univers en se basant sur les
preuves observées, mais il reste encore des
questions en suspens et des critiques à
résoudre.

III. Les premières fractions de seconde La
période de l'inflation cosmique et son rôle
dans la formation de l'univers Les particules
élémentaires et les interactions
fondamentales pendant les premières
fractions de seconde

I. La période de l'inflation cosmique et son rôle dans la formation do l'univers

Environ 10^{-36} secondes après le Big Bang, l'univers a subi une expansion incroyablement rapide connue sous le nom d'inflation cosmique. Cette période d'inflation a duré une fraction de seconde, mais elle a considérablement étendu l'univers, le faisant passer d'une taille inférieure à un proton à la taille d'un raisin en une fraction de seconde. Cette expansion rapide a nivelé l'univers et a permis à la matière de se répartir de manière uniforme.

L'inflation cosmique a également joué un rôle important dans la formation des structures de l'univers. Les petites variations de densité dans l'univers à l'époque de l'inflation ont été étirées et amplifiées, créant des régions de densité plus élevée qui ont finalement formé des amas de galaxies.

II. Les particules élémentaires et les interactions fondamentales pendant les premières fractions de seconde

Les premières fractions de seconde après le Big Bang ont été dominées par les particules élémentaires et leurs interactions fondamentales. Les particules élémentaires comprennent des quarks, des leptons, des bosons, des photons et d'autres particules qui ne sont pas constituées de particules plus petites.

Pendant les premières fractions de seconde, les interactions entre ces particules ont été gouvernées par quatre forces fondamentales : la force gravitationnelle, la force électromagnétique, la force faible et la force forte. À mesure que l'univers s'est refroidi, ces forces se sont séparées et ont donné naissance aux lois de la physique telles que nous les connaissons aujourd'hui.

En conclusion, les premières fractions de seconde de l'univers après le Big Bang ont été marquées par une période d'inflation cosmique qui a nivelé l'univers et a joué un rôle important dans la formation des structures. Pendant cette période, les interactions entre les particules élémentaires ont été dominées par les forces fondamentales, qui ont finalement donné naissance aux lois de la physique telles que nous les connaissons aujourd'hui.

IV. La formation des atomes La recombinaison, ou la formation des premiers atomes dans l'univers La formation de la matière baryonique et de la matière noire

I. La recombinaison, ou la formation des premiers atomes dans l'univers

Environ 380 000 ans après le Big Bang, l'univers s'était suffisamment refroidi pour permettre aux électrons et aux protons de se combiner pour former les premiers atomes, principalement de l'hydrogène et de l'hélium. Ce processus est connu sous le nom de recombinaison.

La recombinaison a libéré une grande quantité d'énergie sous forme de rayonnement électromagnétique, qui est maintenant connu sous le nom de rayonnement fossile. Ce rayonnement fossile peut être détecté dans l'univers aujourd'hui sous la forme d'un rayonnement de fond micro-onde.

II. La formation de la matière baryonique et de la matière noire

Au fur et à mesure que l'univers se refroidissait, la matière a commencé à se condenser en amas de gaz et de poussière, qui ont finalement donné naissance aux étoiles et aux galaxies. La matière baryonique, qui comprend les protons et les neutrons, est la matière ordinaire que nous pouvons observer dans l'univers.

Cependant, les observations suggèrent que la matière ordinaire ne représente qu'une petite fraction de la matière totale de l'univers. La plupart de la matière dans l'univers est invisible et est connue sous le nom de matière noire. La matière noire ne peut pas être détectée directement, mais son existence peut être inférée à partir de ses effets gravitationnels sur les étoiles et les galaxies.

En conclusion, la formation des atomes dans l'univers a commencé environ 380 000 ans après le Big Bang, avec la recombinaison des électrons et des protons pour former les premiers atomes. La matière baryonique s'est condensée en amas de gaz et de poussière pour donner naissance aux étoiles et aux galaxies, tandis que la matière noire, qui représente la majeure partie de la matière de l'univers, reste invisible mais peut être inférée à partir de ses effets gravitationnels.

V. la formation des galaxies.

I. Comment les galaxies se sont formées à partir des fluctuations de densité dans le cosmos primitif

Les observations montrent que les galaxies se sont formées à partir de fluctuations de densité dans le cosmos primitif. Ces fluctuations étaient le résultat de légères variations dans la densité de matière dans l'univers à des époques très précoces.

Au fil du temps, ces fluctuations ont été amplifiées par la force gravitationnelle, créant des surdensités de matière qui ont finalement donné naissance aux galaxies. Les simulations informatiques montrent que les galaxies se forment à partir de petits amas de gaz et de matière, qui s'effondrent sous l'effet de la gravité pour former des structures plus grandes.

II. Les différents types de galaxies et leur évolution

Il existe plusieurs types de galaxies, notamment les galaxies spirales, elliptiques et irrégulières. Les galaxies spirales ont des bras spiraux distincts, tandis que les galaxies elliptiques ont une forme plus sphérique. Les galaxies irrégulières n'ont pas de forme régulière.

Au fil du temps, les galaxies ont évolué. Les galaxies spirales ont tendance à former de nouvelles étoiles à un rythme plus rapide que les galaxies elliptiques, qui ont tendance à avoir des populations stellaires plus anciennes. Les galaxies irrégulières sont souvent le résultat de collisions entre deux galaxies plus grandes.

Les observations suggèrent également que les galaxies se regroupent en amas, qui sont eux-mêmes regroupés en superamas. Les superamas sont les plus grandes structures connues de l'univers observable.

En conclusion, les galaxies se sont formées à partir des fluctuations de densité dans le cosmos primitif, qui ont été amplifiées par la gravité pour former des structures plus grandes. Il existe plusieurs types de galaxies, qui ont évolué au fil du temps pour former des amas et des superamas de galaxies.

VI.Les preuves observables de cette origine.

I. Les preuves indirectes de l'origine de l'univers

Il existe plusieurs preuves indirectes qui soutiennent la théorie du Big Bang et l'origine de l'univers, notamment :

- L'abondance des éléments légers : Selon la théorie du Big Bang, les éléments légers comme l'hélium et le lithium ont été créés pendant les premières minutes suivant le Big Bang. L'abondance relative de ces éléments dans l'univers est en accord avec les prévisions théoriques.

- La distribution des galaxies : Les observations montrent que les galaxies sont distribuées de manière relativement homogène dans l'univers, avec des surdensités locales correspondant à des amas et des superamas de galaxies. Cette distribution est en accord avec les prévisions de la théorie du Big Bang.

II. Les expériences en cours pour mieux comprendre l'origine de l'univers

Il existe plusieurs expériences en cours pour mieux comprendre l'origine de l'univers, notamment :

- Les détecteurs de neutrinos : Les neutrinos sont des particules subatomiques très légères qui interagissent très peu avec la matière. Ils sont produits dans de nombreuses réactions astrophysiques, notamment lors de la fusion nucléaire dans le Soleil et dans les supernovas. Les détecteurs de neutrinos sont conçus pour détecter ces particules et en apprendre davantage sur les processus astrophysiques qui les produisent.

- Les observations du fond diffus cosmologique : Le fond diffus cosmologique est un rayonnement électromagnétique de fond qui remplit tout l'univers observable. Il est considéré comme la preuve la plus solide de la théorie du Big Bang. Les observations du fond diffus cosmologique permettent d'en apprendre davantage sur les conditions initiales de l'univers.

En conclusion, les preuves indirectes de l'origine de l'univers, comme l'abondance des éléments légers et la distribution des galaxies, soutiennent la théorie du Big Bang. Il existe également plusieurs expériences en cours pour mieux comprendre cette origine, notamment les détecteurs de neutrinos et les observations du fond diffus cosmologique.

VII. Les grandes questions en suspens Les questions non résolues dans l'étude de l'origine de l'univers, telles que la nature de la matière noire et la possibilité de multivers

I. La nature de la matière noire

La matière noire est une forme de matière qui n'émet pas de lumière ni d'autres formes de rayonnement électromagnétique. Elle a été postulée pour expliquer certaines observations astrophysiques, comme les mouvements des étoiles dans les galaxies et la distribution de la matière dans l'univers.

Bien que la matière noire représente environ 27 % de la densité totale de l'univers, sa nature reste inconnue. Des expériences sont en cours pour détecter ces particules, mais jusqu'à présent, aucune preuve concluante de leur existence n'a été trouvée.

II. La possibilité de multivers

La théorie du multivers postule l'existence de multiples univers, chacun avec ses propres lois physiques et constantes fondamentales. Cette idée est souvent associée à la théorie des cordes, une tentative de créer une théorie de la gravité quantique.

Bien que la théorie du multivers ne soit pas encore prouvée, elle est un sujet de recherche actif dans la cosmologie théorique. Certains modèles suggèrent que l'univers observable pourrait être une bulle dans un océan de multivers, ou que les lois physiques de notre univers sont les seuls possibles parmi une multitude de possibilités.

En conclusion, l'étude de l'origine de l'univers soulève encore de grandes questions en suspens, comme la nature de la matière noire et la possibilité de multivers. Ces questions sont le sujet de recherche intense dans la cosmologie théorique et sont susceptibles de continuer à fasciner les scientifiques et le grand public dans les années à venir.

VIII. Conclusion Synthèse des connaissances actuelles sur l'origine de l'univers Importance de poursuivre la recherche dans ce domaine pour mieux comprendre notre place dans l'univers.

I. Synthèse des connaissances actuelles

L'étude de l'origine de l'univers est un domaine de recherche passionnant qui a connu des avancées spectaculaires au cours des dernières décennies. Nous avons vu comment la théorie du Big Bang a été développée en réponse à des observations astronomiques, et comment les preuves indirectes, comme l'abondance des éléments légers et la distribution des galaxies, soutiennent cette théorie.

Nous avons également exploré les premières fractions de seconde après le Big Bang, la formation des atomes et des galaxies, et les grandes questions en suspens, comme la nature de la matière noire et la possibilité de multivers.

II. Importance de poursuivre la recherche

La recherche sur l'origine de l'univers est importante car elle nous aide à mieux comprendre notre place dans l'univers et notre propre histoire cosmique. Elle peut également avoir des implications pratiques, comme la recherche de nouvelles formes d'énergie ou de nouvelles technologies de propulsion pour explorer l'espace.

Cependant, malgré les avancées spectaculaires réalisées dans ce domaine, il reste encore beaucoup à apprendre sur l'origine de l'univers et les questions en suspens qui subsistent. La recherche doit donc se poursuivre pour améliorer notre compréhension de l'univers dans lequel nous vivons.

En conclusion, l'étude de l'origine de l'univers est un domaine de recherche passionnant et en constante évolution qui a connu des avancées spectaculaires au cours des dernières décennies. Cependant, il reste encore beaucoup à apprendre et la poursuite de la recherche est essentielle pour mieux comprendre notre place dans l'univers.

Nous allons aborder les différentes étapes de la formation des étoiles et leur évolution, ainsi que les différents types de galaxies et leur évolution.

I. Formation des étoiles

1. Les nuages moléculaires

Les nuages moléculaires sont des régions de gaz et de poussière dans lesquelles se forment les étoiles. Nous allons voir comment les forces gravitationnelles et thermodynamiques dans ces nuages moléculaires conduisent à la formation d'étoiles.

2. La formation de proto-étoiles

Les proto-étoiles sont des objets en formation qui évoluent au cours du temps en fonction de leur masse et de leur composition. Nous allons voir comment la température et la pression augmentent à mesure que la proto-étoile se contracte, conduisant à la fusion nucléaire.

3. Les étoiles de la séquence principale

Les étoiles de la séquence principale sont les étoiles les plus courantes de notre galaxie. Nous allons voir comment leur taille, leur luminosité et leur température dépendent de leur masse et de leur composition.

II. Évolution des étoiles

1. Les étoiles géantes

Les étoiles géantes sont des étoiles de plus grande taille et de plus faible température que les étoiles de la séquence principale. Nous allons voir comment leur taille et leur température varient au cours de leur vie.

2. Les supernovae

Les supernovae sont des explosions d'étoiles massives qui marquent la fin de leur vie. Nous allons voir comment ces explosions conduisent à la formation d'éléments plus lourds que le fer et comment elles enrichissent l'univers en métaux.

3. Les trous noirs

Les trous noirs sont des objets exotiques qui se forment à partir d'étoiles massives en fin de vie. Nous allons voir comment la gravité intense d'un trou noir peut perturber l'espace-temps autour de lui.

III. Types de galaxies et leur évolution

1. Les galaxies spirales

Les galaxies spirales sont des galaxies plates et en forme de disque, qui contiennent une barre centrale et des bras spiraux. Nous allons voir comment ces galaxies se forment et évoluent.

2. Les galaxies elliptiques

Les galaxies elliptiques sont des galaxies sphériques et sans structure en disque. Nous allons voir comment elles se forment à partir de fusions entre des galaxies spirales.

3. Les galaxies irrégulières

Les galaxies irrégulières sont des galaxies sans forme claire et sans symétrie. Nous allons voir comment leur forme est liée à leur histoire de formation.

IV. Conclusion

En conclusion, nous avons vu comment les étoiles et les galaxies se forment et évoluent. Nous avons étudié les différentes étapes de la formation des étoiles, leur évolution et les différents types de galaxies et leur évolution. Cette compréhension nous permet de mieux comprendre notre place dans l'univers et les processus qui ont conduit à la formation de l'univers tel que nous le connaissons aujourd'hui.

Les nuages moléculaires Les nuages moléculaires sont des régions de gaz et de poussière dans lesquelles se forment les étoiles. Nous allons voir comment les forces gravitationnelles et thermodynamiques dans ces nuages moléculaires conduisent à la formation d'étoiles.

I. Introduction

Les nuages moléculaires sont des structures clés de notre univers, à partir desquelles se forment les étoiles. Ils sont composés de gaz et de poussière, principalement de l'hydrogène et de l'hélium, mais aussi de traces d'autres éléments. La formation des étoiles est un processus complexe qui implique des forces gravitationnelles, thermodynamiques et magnétiques. Dans cette section, nous allons explorer la formation des étoiles à partir des nuages moléculaires.

II. Composition et structure des nuages moléculaires

Les nuages moléculaires se trouvent principalement dans les bras spiraux des galaxies, où la densité de matière est plus élevée. Ils sont composés de gaz et de poussière, qui se regroupent pour former des régions de haute densité. La poussière interagit avec la lumière des étoiles et les champs magnétiques pour refroidir le gaz, permettant ainsi la formation de molécules.

III. Les forces en action dans les nuages moléculaires

La gravité est la force principale qui gouverne la formation des étoiles dans les nuages moléculaires. Lorsque la densité de matière dans une région atteint une certaine valeur critique, la gravité devient suffisamment forte pour commencer à comprimer le gaz et la poussière. Lorsque cette compression continue, elle peut entraîner l'effondrement gravitationnel de la région, formant ainsi un noyau protostellaire.

Cependant, la pression thermique peut également jouer un rôle important dans la formation des étoiles. La chaleur produite par la contraction gravitationnelle est régulée par la radiation et la convection. Si la pression thermique est suffisamment grande, elle peut empêcher l'effondrement gravitationnel et la formation d'une étoile.

IV. Formation des étoiles

Lorsqu'un noyau Prot stellaire se forme, il commence à absorber de la matière de son environnement. Cela augmente la masse du noyau, ce qui renforce l'effet gravitationnel et provoque un effondrement encore plus important. Le noyau commence à tourner, ce qui conduit à la formation d'un disque d'accrétion autour de lui. Le disque est alimenté par le gaz et la poussière du nuage moléculaire environnant, et fournit la matière qui alimente la croissance de l'étoile.

V. Évolution stellaire

Une fois qu'une étoile est formée, elle commence à fusionner de l'hydrogène en hélium dans son cœur, produisant une énorme quantité d'énergie. Cette énergie crée une pression interne qui s'oppose à la gravité, maintenant ainsi l'étoile stable. Cependant, cette fusion ne peut durer indéfiniment, car l'étoile finira par épuiser son carburant et commencer à s'effondrer.

La masse de l'étoile est un facteur clé qui détermine son évolution. Les étoiles plus massives ont des réactions de fusion plus intenses, ce qui signifie qu'elles épuisent leur carburant plus rapidement et ont des durées de vie plus courtes. Les étoiles plus petites,

Lorsque la densité et la température d'un nuage moléculaire atteignent un certain seuil, la force gravitationnelle devient suffisamment forte pour commencer à comprimer la matière. Cette compression conduit à une augmentation de la température et de la pression à l'intérieur du nuage, ce qui peut entraîner la formation de proto-étoiles.

Les proto-étoiles sont des objets en formation qui sont encore trop froids et faibles pour allumer la fusion nucléaire dans leur cœur. Cependant, ils continuent de s'effondrer sous l'effet de la gravité, ce qui entraîne une augmentation de la densité et de la température.

Au fur et à mesure que la proto-étoile continue de s'effondrer, elle devient plus chaude et plus dense, jusqu'à ce que la température et la pression à son centre atteignent des niveaux suffisamment élevés pour déclencher la fusion nucléaire. À ce stade, la proto-étoile devient une véritable étoile et commence à émettre de la lumière.

La masse de la proto-étoile détermine en grande partie son évolution future. Les étoiles de faible masse, moins de 0,5 fois la masse du Soleil, ont des températures et des pressions insuffisantes pour allumer la fusion nucléaire de l'hydrogène, et deviennent des naines brunes. Les étoiles de masse intermédiaire, entre 0,5 et 8 fois la masse du Soleil, finissent par devenir des étoiles naines ou des géantes rouges. Les étoiles de grande masse, plus de 8 fois la masse du Soleil, ont une évolution beaucoup plus courte et finissent par exploser en supernova.

En somme, la formation de proto-étoiles est un processus complexe qui dépend de nombreux facteurs, tels que la densité, la température et la composition des nuages moléculaires. Une fois que la fusion nucléaire commence, l'évolution future de l'étoile dépend de sa masse, ce qui affectera sa taille, sa durée de vie et son destin final.

Les étoiles de la séquence principale sont des étoiles stables, qui sont en train de fusionner de l'hydrogène en hélium dans leur cœur. La masse de ces étoiles varie de 0,1 à environ 100 fois celle du Soleil. Les étoiles les plus massives ont une vie très courte et explosent en supernova, tandis que les étoiles les moins massives peuvent brûler leur hydrogène pendant des milliards d'années.

La taille et la luminosité d'une étoile de la séquence principale dépendent de sa masse. Les étoiles les plus massives sont plus grandes et plus lumineuses que les étoiles moins massives. Par exemple, une étoile dix fois plus massive que le Soleil peut avoir une taille dix fois plus grande et briller jusqu'à un million de fois plus fort.

La température de surface des étoiles de la séquence principale varie également en fonction de leur masse et de leur composition. Les étoiles les plus massives ont des températures de surface plus élevées et apparaissent bleues, tandis que les étoiles moins massives ont des températures de surface plus faibles et apparaissent rouges. Cette relation entre la masse, la température et la luminosité est connue sous le nom de la relation de masse-luminosité.

Les étoiles de la séquence principale jouent un rôle important dans l'évolution de l'univers en produisant de nouveaux éléments chimiques par la fusion nucléaire dans leur cœur. Les étoiles les plus massives produisent des éléments plus lourds que le fer, tandis que les étoiles moins massives ne produisent que des éléments plus légers.

En résumé, les étoiles de la séquence principale sont des étoiles stables qui produisent de l'énergie en fusionnant de l'hydrogène en hélium dans leur cœur. Leur taille, leur luminosité et leur température dépendent de leur masse et de leur composition, et ces étoiles jouent un rôle important dans la production d'éléments chimiques dans l'univers.

Les étoiles géantes sont des étoiles qui ont épuisé leur hydrogène, qui est la source principale de leur énergie. Elles ont donc commencé à fusionner des éléments plus lourds pour produire de l'énergie. Cette fusion produit une pression qui pousse les couches externes de l'étoile à se dilater, ce qui conduit à une augmentation de sa taille.

Il existe différents types d'étoiles géantes, en fonction de leur masse et de leur composition chimique. Les étoiles géantes rouges sont des étoiles de faible masse, riches en éléments plus lourds que l'hélium, comme le carbone et l'oxygène. Les étoiles géantes bleues, quant à elles, sont des étoiles plus massives, riches en hydrogène et en hélium.

Au fur et à mesure que les étoiles géantes épuisent leur combustible nucléaire, leur noyau se contracte sous l'effet de la gravité, ce qui entraîne une augmentation de la température et de la pression. Dans certains cas, cela peut conduire à la fusion de l'hélium, formant ainsi des éléments plus lourds comme le carbone et l'oxygène. Cela peut également conduire à une instabilité thermique, qui peut entraîner une expansion rapide de l'étoile, formant une nébuleuse planétaire.

Les étoiles géantes sont importantes pour l'évolution des galaxies, car elles produisent des éléments plus lourds que l'hélium lorsqu'elles fusionnent des éléments plus légers. Ces éléments plus lourds sont ensuite dispersés dans l'espace par les vents stellaires des étoiles géantes et par les supernovas, enrichissant ainsi le milieu interstellaire.

Les supernovae sont des événements cataclysmiques qui se produisent à la fin de la vie des étoiles massives. Lorsque le carburant nucléaire dans le cœur d'une étoile est épuisé, la gravité prend le dessus et la masse de l'étoile commence à s'effondrer. Si la masse de l'étoile est suffisamment grande, la gravité devient si forte que le cœur s'effondre en un point infiniment petit appelé singularité gravitationnelle. Cela crée une onde de choc qui propulse les couches externes de l'étoile dans l'espace à des vitesses incroyables, produisant une supernova.

Les supernovae sont importantes car elles sont responsables de la formation d'éléments plus lourds que le fer dans l'univers. Ces éléments sont produits pendant la phase d'explosion de la supernova et sont éjectés dans l'espace.

Cela enrichit l'univers en métaux et fournit les éléments nécessaires à la formation de planètes et d'autres corps célestes.

Il existe deux types principaux de supernovae : les supernovae de type I et de type II. Les supernovae de type I sont causées par l'effondrement gravitationnel d'une étoile naine blanche, tandis que les supernovae de type II sont causées par l'effondrement d'une étoile massive. Les supernovae de type II sont les plus importantes car elles produisent la plupart des éléments plus lourds que le fer dans l'univers.

Les supernovae peuvent également avoir des effets importants sur leur environnement. L'onde de choc produite par une supernova peut comprimer et chauffer le gaz environnant, déclenchant la formation de nouvelles étoiles. Les supernovae peuvent également produire des rayonnements cosmiques qui affectent l'environnement interstellaire et peuvent même affecter la Terre si une supernova se produit suffisamment près de notre système solaire.

En résumé, les supernovae sont des événements explosifs qui marquent la fin de la vie des étoiles massives. Elles produisent des éléments plus lourds que le fer dans l'univers et ont des effets importants sur leur environnement.

Les trous noirs sont des objets exotiques qui se forment lorsque les étoiles massives épuisent leur carburant nucléaire et que leur cœur s'effondre sous l'effet de la gravité. Lorsque la masse du cœur est suffisamment grande, il peut devenir un trou noir. Les trous noirs ont une densité extrêmement élevée et une force gravitationnelle intense qui peut perturber l'espace-temps autour d'eux.

La limite de Schwarzschild est le rayon au-delà duquel la vitesse de libération est supérieure à la vitesse de la lumière. Tout ce qui est à l'intérieur de la limite de Schwarzschild est considéré comme faisant partie du trou noir, car même la lumière ne peut pas s'échapper. Les trous noirs ont également un horizon des événements, qui est la frontière au-delà de laquelle rien ne peut s'échapper.

Il existe deux types de trous noirs : les trous noirs stellaires et les trous noirs supermassifs. Les trous noirs stellaires se forment à partir d'étoiles massives en fin de vie, tandis que les trous noirs supermassifs se trouvent au centre des galaxies et ont des masses équivalentes à des millions ou des milliards de soleils.

Les trous noirs sont détectés indirectement par leur effet sur les objets voisins. Par exemple, si un trou noir se trouve dans un système binaire avec une étoile, la gravité du trou noir peut faire osciller l'étoile et causer des variations de sa luminosité. Les trous noirs peuvent également déformer la lumière qui les entoure, créant ainsi des effets de lentille gravitationnelle.

La recherche sur les trous noirs est importante car elle nous permet de mieux comprendre les limites de la physique et de l'univers lui-même. Les trous noirs peuvent également fournir des informations sur l'histoire et l'évolution de notre galaxie, ainsi que sur l'univers dans son ensemble.

Les galaxies spirales sont l'une des trois principales classes de galaxies, avec les galaxies elliptiques et les galaxies irrégulières. Elles se distinguent par leur forme aplatie en forme de disque et leur bras spiraux qui s'étendent à partir d'un noyau central. Les galaxies spirales sont souvent subdivisées en deux sous-catégories : les galaxies spirales barrées et les galaxies spirales non barrées. Les galaxies spirales sont les galaxies les plus courantes dans l'Univers observable.

La formation des galaxies spirales commence par la concentration de gaz et de poussière dans une région donnée de l'espace. Les forces gravitationnelles attirent la matière vers le centre de cette région, où elle forme un noyau dense. Ce noyau peut devenir instable sous l'effet des forces gravitationnelles et commencer à tourner sur lui-même, formant ainsi un disque. Les étoiles se forment alors à partir du gaz et de la poussière dans le disque.

Les galaxies spirales peuvent également contenir une barre centrale, qui est une structure rectangulaire qui traverse le centre de la galaxie. Les barres se forment lorsque le gaz et la poussière s'accumulent au centre de la galaxie et commencent à tourner, créant ainsi une structure en forme de barre.

Les bras spiraux des galaxies spirales sont formés par des ondes de densité qui se propagent à travers le disque de la galaxie. Ces ondes de densité sont générées par la gravité des étoiles et du gaz dans le disque de la galaxie, qui perturbent la distribution de matière. Les bras spiraux peuvent être considérés comme des ondes de compression de matière, où la densité de gaz et de poussière est plus élevée et où les étoiles se forment plus facilement.

Les galaxies spirales ont une forme caractéristique de disque aplati, avec une grande quantité de gaz et de poussière, qui sert de matière première pour la formation d'étoiles. Les étoiles dans les galaxies spirales peuvent avoir une grande variété de masses, de températures et de luminosités. Les étoiles les plus massives sont souvent bleues et chaudes, tandis que les étoiles les moins massives sont souvent rouges et froides. Les étoiles de type O et B sont souvent associées aux bras spiraux, tandis que les étoiles de type K et M se trouvent dans la région centrale de la galaxie.

Les galaxies spirales peuvent également contenir un trou noir supermassif au centre de la galaxie, qui est supposé être responsable de la formation des barres et des bras spiraux. La présence d'un trou noir supermassif peut également expliquer les mouvements stellaires anormaux dans la région centrale de la galaxie.

En résumé, les galaxies spirales sont des galaxies plates en forme de disque avec des bras spiraux. Elles se forment par la concentration de gaz et de poussière dans une région donnée de l'espace, qui se contracte sous l'effet de la gravité pour former un noyau dense. Les étoiles se forment ensuite à partir du gaz et de la poussière dans le disque de la galaxie. Les bras spiraux sont formés par des ondes de densité qui

Les galaxies elliptiques sont généralement considérées comme le résultat de fusions entre des galaxies spirales. Lorsque deux galaxies spirales entrent en collision, leurs étoiles et leur gaz interagissent gravitationnellement et peuvent former une nouvelle galaxie sans structure en disque. Cette nouvelle galaxie peut avoir une forme allongée ou sphérique, en fonction de la direction et de la vitesse de la collision.

Les galaxies elliptiques sont principalement composées d'étoiles anciennes et de gaz diffus. Elles contiennent également un grand nombre de globules rouges, qui sont des étoiles très anciennes et de faible masse qui ont épuisé leur combustible nucléaire. En général, les galaxies elliptiques sont moins riches en gaz et en poussière que les galaxies spirales, ce qui signifie qu'elles ont une faible capacité à former de nouvelles étoiles.

Les galaxies elliptiques se trouvent principalement dans les régions les plus denses de l'univers, comme les amas de galaxies, où les fusions sont plus fréquentes. Certaines galaxies elliptiques sont également connues pour abriter des trous noirs supermassifs en leur centre.

Les galaxies irrégulières sont des galaxies qui n'ont pas une forme clairement définie, sans structure régulière. Elles peuvent être de petite ou de grande taille et sont souvent le résultat de fusions de galaxies ou d'interactions gravitationnelles entre les galaxies. Ces interactions peuvent perturber la structure d'une galaxie, provoquant la formation de bras spiraux ou la création de zones de formation stellaire intense.

Les galaxies irrégulières sont souvent caractérisées par des taux élevés de formation stellaire, en particulier de jeunes étoiles massives et chaudes. Ces étoiles peuvent émettre de fortes quantités de lumière UV, ionisant le gaz environnant et créant des nébuleuses en émission caractéristiques des galaxies irrégulières. Les régions de formation stellaire intense dans les galaxies irrégulières sont souvent appelées "nurseries stellaires".

Les galaxies irrégulières sont également des laboratoires astrophysiques pour étudier la formation stellaire dans des environnements extrêmes. Les modèles de formation stellaire dans les galaxies irrégulières peuvent aider à comprendre comment les étoiles se forment dans des environnements similaires dans les galaxies de plus grande taille.

Les galaxies irrégulières sont courantes dans l'univers jeune et dans les régions de formation stellaire actives. Elles peuvent également être le résultat de fusions ou d'interactions gravitationnelles entre galaxies plus tard dans l'histoire de l'univers. La compréhension de la formation et de l'évolution des galaxies irrégulières peut fournir des indices sur l'évolution des galaxies dans l'univers en général.

La relativité générale est une théorie physique proposée par Albert Einstein en 1915. Elle a révolutionné notre compréhension de la gravité et de l'espace-temps. Cette théorie stipule que la gravité est une manifestation de la courbure de l'espace-temps, plutôt qu'une force inhérente aux objets massifs. La relativité générale explique également les phénomènes gravitationnels tels que la déviation de la lumière autour des objets massifs, l'existence des ondes gravitationnelles et la dilatation du temps dans les champs gravitationnels intenses.

L'un des résultats les plus importants de la relativité générale est la prédiction de l'existence des trous noirs, des objets massifs dont la gravité est si intense que rien, pas même la lumière, ne peut s'en échapper. Les trous noirs sont également responsables de phénomènes tels que les jets relativistes, qui éjectent de la matière à des vitesses proches de celle de la lumière.

La relativité générale a également eu un impact sur notre compréhension de l'expansion de l'univers. La théorie prédit que l'espace-temps lui-même peut s'étendre, ce qui est soutenu par les observations de l'expansion de l'univers à grande échelle. En outre, la relativité générale suggère que l'univers a commencé par une singularité, une région de l'espace-temps où les lois physiques habituelles cessent de s'appliquer. Cette idée est à l'origine du modèle cosmologique du Big Bang.

La relativité générale a également été testée avec succès à plusieurs reprises, notamment par la mesure de la déviation de la lumière lors d'éclipses solaires et par la détection récente des ondes gravitationnelles. La théorie est largement utilisée dans les domaines de l'astrophysique, de la cosmologie et de la gravitation.

La mécanique quantique : Une explication de la physique quantique et de la manière dont elle explique certains phénomènes mystérieux de l'univers.

La mécanique quantique est une branche de la physique qui étudie le comportement des particules subatomiques, telles que les électrons, les protons et les neutrons. Elle a été développée au début du 20e siècle pour expliquer certains phénomènes mystérieux de l'univers qui ne pouvaient pas être expliqués par la physique classique, tels que la dualité onde-particule, l'intrication quantique et le principe d'incertitude de Heisenberg.

Le principe de base de la mécanique quantique est que les particules subatomiques ne peuvent pas être décrites comme des objets ayant une position et une vitesse précises, mais plutôt comme des objets ayant une probabilité de se trouver dans un certain endroit à un certain moment. Cela est dû au fait que les particules subatomiques peuvent exister simultanément sous forme d'ondes et de particules.

Un autre aspect important de la mécanique quantique est l'intrication quantique. Lorsque deux particules subatomiques sont intriquées, leur état quantique est lié de manière à ce que les mesures effectuées sur l'une affectent instantanément l'autre, même si les deux particules sont situées à des distances considérables l'une de l'autre. Ce phénomène a été prouvé expérimentalement et a des implications importantes pour la communication quantique et la cryptographie.

La mécanique quantique a également révolutionné notre compréhension de l'énergie et de la matière, en introduisant le concept de quanta, qui sont des unités discrètes d'énergie et de matière. Cette théorie a permis de mieux comprendre le comportement de la lumière et de l'électronique, ce qui a conduit à des avancées majeures dans les technologies liées à ces domaines.

En résumé, la mécanique quantique est une théorie fondamentale de la physique qui a changé notre compréhension de la nature de l'univers à l'échelle subatomique. Elle est utilisée dans de nombreux domaines, tels que l'électronique, la chimie, l'informatique et la cryptographie, et continue à susciter de nouvelles découvertes et avancées scientifiques.

Les exoplanètes : Comment les astronomes découvrent et étudient les exoplanètes, ces planètes situées en dehors de notre système solaire.

Les exoplanètes sont des planètes en orbite autour d'une étoile autre que notre Soleil. La recherche d'exoplanètes a connu un essor considérable ces dernières années grâce à l'utilisation de télescopes et de technologies de pointe.

Voici quelques méthodes utilisées pour détecter et étudier les exoplanètes :

La méthode des transits : Cette méthode consiste à observer la diminution de la luminosité de l'étoile lorsqu'une planète en orbite passe devant elle. Cette diminution de luminosité permet aux astronomes de détecter l'exoplanète et d'en déduire certaines de ses caractéristiques, telles que sa taille et sa période orbitale.

La méthode de la vitesse radiale : Cette méthode consiste à observer les mouvements de l'étoile autour de son centre de masse commun avec la planète. La présence de la planète modifie légèrement l'orbite de l'étoile, ce qui peut être détecté en mesurant les variations de la vitesse radiale de l'étoile. Cette méthode permet de déterminer la masse de la planète.

L'imagerie directe : Cette méthode consiste à prendre une image directe de l'exoplanète elle-même en utilisant des télescopes et des techniques d'imagerie avancées. Cependant, cette méthode est très difficile car les exoplanètes sont très proches de leur étoile et sont donc difficiles à observer.

La méthode des microlentilles gravitationnelles : Cette méthode consiste à observer l'effet de lentille gravitationnelle qu'une planète en orbite autour d'une étoile peut avoir sur la lumière d'une étoile lointaine. Cette méthode permet de détecter des exoplanètes très éloignées.

Une fois détectées, les exoplanètes peuvent être étudiées pour en savoir plus sur leur atmosphère, leur composition et leur habitabilité potentielle. Par exemple, des observations spectroscopiques peuvent révéler les éléments chimiques présents dans l'atmosphère de l'exoplanète. Ces informations peuvent aider à déterminer si une exoplanète est propice à la vie telle que nous la connaissons.

Les constellations : Une introduction aux constellations et à leur histoire.

Les constellations sont des regroupements d'étoiles dans le ciel nocturne qui ont été identifiés et nommés par les humains depuis des milliers d'années. Elles sont souvent utilisées comme points de repère pour naviguer dans le ciel nocturne et ont également une signification culturelle et mythologique dans de nombreuses traditions.

L'histoire des constellations remonte à l'Antiquité, où les Babyloniens, les Égyptiens et les Grecs ont tous utilisé des groupes d'étoiles pour marquer les saisons et les événements astronomiques importants. Les Grecs ont donné aux constellations des noms de héros mythologiques et ont créé des histoires pour expliquer leur origine.

Au fil des siècles, de nouvelles constellations ont été ajoutées et certaines ont été renommées ou redessinées. En 1922, l'Union astronomique internationale a établi les limites officielles des 88 constellations modernes qui sont reconnues aujourd'hui.

Les constellations sont souvent représentées sous forme de cartes du ciel, qui montrent les groupes d'étoiles et les lignes imaginaires qui les relient. Les astronomes modernes utilisent les constellations pour identifier les objets dans le ciel et pour nommer les étoiles et les galaxies.

Cependant, il est important de noter que les constellations ne sont pas des structures réelles dans l'univers, mais simplement des groupements arbitraires d'étoiles vues de notre point de vue sur Terre.

Les phénomènes astronomiques : Une explication des éclipses, des comètes, des météores et d'autres phénomènes astronomiques.

Les phénomènes astronomiques sont des événements fascinants qui se produisent dans l'univers. Voici une explication de certains des plus intéressants :

Les éclipses : Une éclipse se produit lorsque la lune passe entre le soleil et la terre, bloquant temporairement la lumière du soleil. Il existe deux types d'éclipses : les éclipses solaires, lorsque la lune bloque le soleil, et les éclipses lunaires, lorsque la terre bloque la lumière du soleil qui doit normalement éclairer la lune.

Les comètes : Les comètes sont des corps célestes constitués de glace, de roche et de poussière. Elles se déplacent dans des orbites très elliptiques autour du soleil et peuvent produire de magnifiques queues de gaz et de poussière lorsqu'elles s'approchent de celui-ci.

Les météores : Les météores, également appelés étoiles filantes, sont de petits fragments de matière qui brûlent dans l'atmosphère terrestre lorsqu'ils entrent en collision avec celle-ci. Ils peuvent produire de magnifiques traînées lumineuses dans le ciel nocturne.

Les aurores boréales et australes : Les aurores boréales et australes sont des phénomènes lumineux qui se produisent dans les régions polaires de la terre. Elles sont causées par les particules chargées émises par le soleil qui interagissent avec l'atmosphère terrestre.

Les supernovae : Les supernovae sont des explosions d'étoiles massives qui marquent la fin de leur vie. Elles peuvent être si brillantes qu'elles sont visibles à l'œil nu depuis la terre, même à des distances astronomiques.

Les trous noirs : Les trous noirs sont des objets exotiques qui se forment à partir d'étoiles massives en fin de vie. Leur gravité intense est si forte qu'elle peut perturber l'espace-temps autour d'eux, provoquant des phénomènes comme la déformation de la lumière et la formation d'un disque d'accrétion.

Ces phénomènes astronomiques sont des manifestations fascinantes de la complexité et de la beauté de l'univers qui nous entoure.

En conclusion, l'astronomie est une branche fascinante de la science qui nous permet de comprendre l'univers qui nous entoure. Nous avons vu comment l'observation des corps célestes nous permet de découvrir leur nature et leur comportement, depuis les étoiles et les galaxies jusqu'aux planètes et aux phénomènes astronomiques. Nous avons également exploré les théories clés qui sous-tendent notre compréhension de l'univers, telles que la relativité générale et la mécanique quantique.

L'astronomie a un impact profond sur notre vision du monde et sur notre compréhension de notre place dans l'univers. Nous avons appris que l'univers est en constante évolution, que les étoiles naissent et meurent, que les galaxies fusionnent et se transforment, et que de nouvelles planètes sont découvertes en dehors de notre propre système solaire.

Enfin, l'astronomie est une discipline en constante évolution, qui nous permet de découvrir de nouvelles choses sur l'univers chaque jour. Il reste encore beaucoup à apprendre et à découvrir, et l'avenir de l'astronomie s'annonce passionnant. Nous sommes donc invités à poursuivre la recherche dans ce domaine pour mieux comprendre notre place dans l'univers et continuer à élargir nos connaissances sur cet incroyable cosmos qui nous entoure.